技工院校服务机器人应用与维护专业（中/高级技能层级）

ROS 机器人操作系统基础

习题册

主　编　谢吉国
副主编　谢志坚

中国劳动社会保障出版社

技工院校服务机器人应用与维护专业（中/高级技能层级）
ROS
机器人
操作系统基础
习题册
中国劳动社会保障出版社

简介

本习题册为技工院校服务机器人应用与维护专业教材（中 / 高级技能层级）《ROS 机器人操作系统基础》的配套用书。习题册内容紧扣教学要求，知识点分布均衡，题型丰富多样，习题难易适中，有助于学生复习巩固所学知识。

本习题册由谢吉国任主编，谢志坚任副主编，唐香平、何子聪、邓卫民、敖丽华、苏嘉健、张冉参加编写。

图书在版编目（CIP）数据

ROS 机器人操作系统基础习题册 / 谢吉国主编 . -- 北京 : 中国劳动社会保障出版社, 2024

技工院校服务机器人应用与维护专业 . 中 / 高级技能层级

ISBN 978-7-5167-6231-8

Ⅰ. ①R…　Ⅱ. ①谢…　Ⅲ. ①工业机器人 - 操作 - 技工学校 - 习题集　Ⅳ. ①TP242.2-62

中国国家版本馆 CIP 数据核字（2024）第 052806 号

中国劳动社会保障出版社出版发行

（北京市惠新东街 1 号　邮政编码：100029）

*

保定市中画美凯印刷有限公司印刷装订　　新华书店经销

787 毫米 ×1092 毫米　16 开本　4.25 印张　86 千字

2024 年 4 月第 1 版　　2024 年 4 月第 1 次印刷

定价：9.00 元

营销中心电话：400-606-6496

出版社网址：http://www.class.com.cn

http://jg.class.com.cn

目 录

Contents

ROS 机器人操作系统的认知

了解 ROS 机器人操作系统

一、填空题（将正确的答案填写在横线上）

1. ROS 的点对点设计体现在__________、______________、__________________通信系统、__________________四个方面。

2. 源代码下载用 Git 工具，通常使用的命令是________________________。

3. 可以直接在 GitHub 相应的“仓库”中单击“________________”，下载源代码的压缩文件。

4. ROS 2.0 系统采用了更先进的__________架构，具备更高的__________，并提供对__________和____________设备的全面支持。

5. ROS 的所有源代码都是__________发布的，这将促进 ROS 软件在各层级的调试，有利于不断改正错误。

二、判断题（正确的在括号内打“√”，错误的打“×”）

1. ROS 起源于 2008 年斯坦福大学人工智能实验室的 STAIR 项目与机器人技术公司 Willow Garage 的个人机器人项目之间的合作。（　　）

2. ROS 是一款免费且开源的软件平台。（　　）

3. 一个基于 ROS 的系统可以通过建立一系列节点单元来实现功能，这些节点不可以分布在不同的主机上。（　　）

4. 为了实现交叉语言功能，ROS 利用了与语言无关的接口定义语言。（　　）

5. ROS 遵循 BSD 许可，也就是不允许各种商业和非商业的工程进行开发。（　　）

三、选择题（将正确答案的序号填入括号中）

1. ROS 的组件化工具包中的 3D 可视化工具是（　　）。

A. FusionCharts　　B. Plotly

C. RViz　　D. Vaa3D

2.（　　）年，OSRF 发布了 ROS 2.0 系统。

A. 2010　　B. 2012

C. 2013　　D. 2017

3. ROS 系统具有模块化的特点，其中的代码可以进行（　　）编译。

A. 单独　　B. 同步

C. 双向　　D. 共同

4. 不同开发者会偏向使用不同的编程语言，为了解决这个问题，ROS 被设计成语言（　　）的框架架构。

A. 公开性　　B. 中立性

C. 独立性　　D. 程序性

5. 为了实现机器人软件工程中的可重用驱动和算法在其他领域的应用，OSRF 等开发者们鼓励将这些驱动和算法从 ROS 中提取出来，形成与 ROS 无依赖性的（　　）。

A. 信息库　　B. 公开库

C. 仓库　　D. 独立库

四、简答题

1. 常见的 ROS 组件化工具包有哪些？

2. ROS 如何实现支持多种编程语言？

安装 ROS 机器人操作系统

一、填空题（将正确的答案填写在横线上）

1. 在 Ubuntu 系统中安装软件的命令是______________________________。

2. 在 Ubuntu 系统中卸载软件的命令是______________________________。

3. 在 Ubuntu 系统中临时配置环境的命令是________________________。

4. 在 Ubuntu 系统中查找并显示所有包含 ROS 的环境变量的命令是____________________。

二、判断题（正确的在括号内打"√"，错误的打"×"）

1. 为了获取 ROS 相关软件的索引，需要使用 update 命令来更新软件列表。（　　）

2. 为了方便在同一个机器人上对不同版本的 ROS 和功能包进行开发，ROS 设计了一套依赖 ros 环境变量的环境管理方法。（　　）

3. 在 Linux 终端中，输入密码时会显示相应的变动或字符。（　　）

4. 当终端中显示询问是否进行安装时，先输入"n"再按回车键即可开始下载安装。（　　）

5. rosdep 的作用是检查依赖关系并帮助用户自动安装或配置所需的依赖项，以确保软件包可以正常运行。（　　）

三、选择题（将正确答案的序号填入括号中）

1. 更新软件包索引的命令是（　　）。

A. $ sudo apt-get update　　B. $ sudo apt-get install

C. $ sudo rosdep init　　D. $ rosdep update

2. 将环境配置写入适当的配置文件（如后缀为".bashrc"或".profile"的文件），使得每次打开终端时都能加载并应用这些配置，确保环境配置的（　　）和（　　）。

A. 持久性　全局性　　B. 应用性　简便性

C. 可靠性　完整性　　D. 统一性　流畅性

3. 打开终端窗口的组合键是（　　）。

A. "Ctrl" + "T"　　B. "Alt" + "T"

C. “Ctrl” + “Alt” + “T”　　D. “Ctrl” + “Alt”

4. 打开节点管理器的命令是（　　）。

A. $ roscore　　B. $ rosrun

C. $ roslaunch　　D. $ rostopic

5. 在安装 ROS 的过程中，系统会提示需要使用“source”命令执行某个后缀为“(　　)”的脚本文件。

A. .py　　B. .sh

C. .launch　　D. .txt

四、简答题

1. 如何临时配置 ROS 环境？

2. 如何持久配置 ROS 环境？

项目二

ROS 架构的认知

任务一 ROS 整体架构的介绍

一、填空题（将正确的答案填写在横线上）

1. ROS 的架构可以分为三个层次：__________、__________、__________。

2. Linux 是一个________的操作系统，没有专门为 ROS 开发设计的特殊中间件。

3. Nodelet 是为了优化多进程通信而提供的数据传输方式，它能够提高数据通信的__________。

4. ROS 的功能模块是以节点为单位单独运行的，可以分布在多个主机里，当系统运行时通过端对端的__________结构进行连接。

5. __________是 ROS 中执行运算任务的基本单位。

二、判断题（正确的在括号内打“√”，错误的打“×”）

1. ROS 与传统操作系统相同，都是直接在机器硬件上运行的操作系统。（　　）

2. 节点是 ROS 中最大的进程单元，一个软件包中可以有多个可执行文件，可执行文件在运行后就成了一个进程，这个进程在 ROS 中称为节点。（　　）

3. 消息是一种数据结构，支持多种数据类型。（　　）

4. 节点是 ROS 运行的核心，其主要功能是登记注册节点、服务和话题的名称。（　　）

5. ROS 中的节点可以使用 C++ 或 Python 编程语言编写。（　　）

三、选择题（将正确答案的序号填入括号中）

1. 节点之间通过发布和订阅（　　）来传递消息。

A. 消息　　B. 话题
C. 服务　　D. 节点管理器

2. 在 ROS 中，devel 的作用是（　　）。

A. 储存 ROS 节点、库、配置文件等
B. 记录功能包的基本信息
C. 储存编译生成的可执行文件
D. 储存所有 ROS 功能包的源代码

3. 在 ROS 中，build 的作用是（　　）。

A. 储存工作空间编译过程中产生的缓存信息和中间文件
B. 储存所有 ROS 功能包的源代码
C. 储存 ROS 节点、库、配置文件等
D. 储存编译生成的可执行文件

4.（　　）是应答模式的信息交互方式，它基于客户端 / 服务器模型。

A. 节点　　B. 消息
C. 话题　　D. 服务

5. 在 ROS 中，一个机器人控制系统通常由多个（　　）组成。

A. 节点管理器　　B. 服务
C. 话题　　D. 节点

四、简答题

1. 节点管理器的功能是什么？

2. ROS 默认使用 Catkin 编译系统，编译产生的工作空间中有哪些文件？

任务二 启动 ROS 第一个节点——小海龟仿真

一、填空题（将正确的答案填写在横线上）

1. 键盘控制节点 /teleop_turtle 通过________与小海龟节点 /turtlesim 连接。
2. 启动小海龟仿真节点的命令是______________________________。
3. ______________________________命令可以启动 turtlesim 键盘控制节点。

二、判断题（正确的在括号内打“√”，错误的打“×”）

1. turtlesim 键盘控制节点启动后，需要确保相应的终端被激活，键盘上按下的键才能输入到该终端中。（　　）

2. 可以通过鼠标来控制小海龟的运动。（　　）

3. turtlesim 是 ROS 自带的基础教学功能包。（　　）

4. 小海龟键盘控制节点启动且相应窗口被激活后，可以通过键盘上的“↑”“↓”“←”“→”键控制小海龟的运动。（　　）

三、选择题（将正确答案的序号填入括号中）

1. ROS Melodic Morenia 发行于（　　）年。

A. 2017　　B. 2018　　C. 2019　　D. 2020

2. ROS Kinetic Kame 发行于（　　）年。

A. 2016　　B. 2017　　C. 2018　　D. 2019

3. Ubuntu 系统中，（　　）的窗口名称颜色加深。

A. 被激活　　B. 未激活　　C. 被关闭　　D. 所有

四、简答题

1. 通过键盘控制小海龟运动的原理是什么？

2. 启动 turtlesim 键盘控制节点后需要注意什么？

任务三 ROS 的通信机制在小海龟中的应用

一、填空题（将正确的答案填写在横线上）

1. ____________通信机制是 ROS 中使用最为频繁的通信机制。

2. ROS 的通信机制是其核心，它基于____________通信技术。

3. 话题通信机制为______________（异步 / 同步）通信，而服务通信机制为____________（异步 / 同步）通信。

4. 可以在终端中使用____________命令来发布话题消息到“/turtle1/cmd_vel”话题，从而实现对小海龟节点的移动控制。

5. 节点可以通过____________服务器获取参数值以配置自身的行为。

二、判断题（正确的在括号内打“√”，错误的打“×”）

1. 在话题通信机制中，发布者和订阅者的节点启动顺序没有强制要求。 （　　）

2. 服务通信机制不是一对一的通信。 （　　）

3. 在 ROS 中，节点可以同时充当发布者和订阅者。 （　　）

4. 参数管理机制不允许节点之间共享和修改参数值。 （　　）

5. 服务通信机制要求发送方接收到应答后才能继续进行通信。 （　　）

三、选择题（将正确答案的序号填入括号中）

1. 在小海龟应用中，小海龟节点通过订阅（　　）话题控制小海龟移动。

   A. /turtle/cmd_vel　　B. /turtle/pose

   C. /turtle/image　　D. /turtle/status

2. 话题（　　）的功能是获取小海龟的位置和速度消息。

   A. /turtle/cmd_vel　　B. /turtle/pose

   C. /turtle/image　　D. /turtle/status

3. 小海龟节点的相关服务中，/clear 的功能是（　　）。

   A. 重置位置　　B. 清除轨迹

   C. 生成新的小海龟　　D. 终止正在运行的小海龟节点

4. 小海龟节点的相关服务中，/reset 的功能是（　　）。

   A. 重置位置　　B. 清除轨迹

   C. 生成新的小海龟　　D. 终止正在运行的小海龟节点

5. 常用于需要实时响应和数据交互场景的通信机制是（　　）机制。

   A. 话题通信　　B. 参数管理

   C. 服务通信　　D. 以上均可

四、简答题

1. ROS 的通信机制主要有哪些？

2. 参数管理机制的优势是什么？

项目三 命令行工具的使用

任务一 初识命令行工具

一、填空题（将正确的答案填写在横线上）

1. 查看 ROS 节点消息的命令是______________________。
2. 记录和回放 ROS 消息的命令是______________________。
3. 运行 ROS 节点的命令是__________________。
4. 查看和修改 ROS 参数消息的命令是__________________。
5. 查看 ROS 服务消息的命令是__________________。

二、判断题（正确的在括号内打“√”，错误的打“×”）

1. roscp 命令可以复制 ROS 功能包的文件。 (　　)
2. rosclean 命令可以查看或删除 ROS 日志文件。 (　　)
3. rossrv 命令可以查看 ROS 的服务类型。 (　　)
4. catkin_make 命令可以列出当前 catkin 工作空间中的所有功能包。 (　　)
5. catkin_clean 命令可以清除 catkin 构建目录中的编译文件。 (　　)

三、选择题（将正确答案的序号填入括号中）

1. 可以运行多个 ROS 节点的命令是（　　）。

   A. roscore　　B. rosmaster

   C. rosrun　　D. roslaunch

2. rostopic 命令的作用是（　　）。

A. 查看 ROS 服务消息　　B. 查看 ROS 话题消息
C. 查看 ROS 节点消息　　D. 查看 ROS 日志文件

3. 查看 ROS 功能包的依赖性文件的命令是（　　）。
A. rospack　　B. rosdep
C. rosd　　D. roscd

4. 可以运行一个 ROS 节点的命令是（　　）。
A. rosrun　　B. rosnode start
C. rosservice call　　D. roslaunch

5. 可以查看 ROS 消息类型的命令是（　　）。
A. rostopic msg　　B. rosnode msg
C. rosservice msg　　D. rosmsg

四、简答题

1. ROS 消息命令的功能是什么？

2. ROS catkin 命令的功能是什么？

任务二 使用 rosnode 命令管理节点

一、填空题（将正确的答案填写在横线上）

1. 清除不可到达节点的注册消息的命令是____________________。

2. 查看节点的详细消息的命令是____________________。

3. 结束某个节点的命令是____________________。

二、判断题（正确的在括号内打“√”，错误的打“×”）

1. rosnodeping 命令可以测试连接节点。（　　）

2. rosnode list 命令可以查看当前未运行的节点消息。（　　）

3. 若按下键盘上的“Ctrl+C”组合键关闭 /turtlesim 节点程序，节点可以看作因为意外事件而异常终止，ROS 节点管理器中的 /turtlesim 节点并未被注销。（　　）

三、选择题（将正确答案的序号填入括号中）

1. 结束小海龟仿真节点的命令是（　　）。

A. rosnode kill turtlesim　　B. rosnode kill /turtlesim

C. rosnode list turtlesim　　D. rosnode list /turtlesim

2. 可以列出在特定机器或列表机器上运行的节点消息的命令是（　　）。

A. rosnode machine　　B. rosnode subscribers

C. rosnode info　　D. rosnode find

3. 可以查看节点订阅和发布的话题的命令是（　　）。

A. rosnode ping　　B. rosnode info

C. rosnode pingall　　D. rosnode check

四、简答题

rosnode 命令的作用是什么？

任务三　使用 rostopic 命令管理话题消息

一、填空题（将正确的答案填写在横线上）

1. 查看所有当前订阅和发布的话题的命令是____________________。
2. 查看某个话题的属性消息的命令是____________________。
3. 查看某个话题的内容的命令是____________________。

二、判断题（正确的在括号内打“√”，错误的打“×”）

1. rostopic echo /turtle1/pose 命令可以查看小海龟当前状态的位姿。（　　）
2. rostopic info 命令可以查看话题的类型、发布者、订阅者等详细消息。（　　）
3. rostopic bw 命令可以查看某个话题的使用带宽。（　　）
4. 默认情况下，rostopic hz 命令显示的话题发布频率是 rostopic 运行阶段的平均值。（　　）

三、选择题（将正确答案的序号填入括号中）

1. rostopic hz 命令的作用是（　　）。

   A. 查看某个话题的使用带宽　　B. 查看话题的类型

   C. 查看某个话题的发布频率　　D. 查看话题的发布者和订阅者

2. 发布数据到某个话题的命令是（　　）。

A. rostopic list　　　　B. rostopic pub

C. rostopic info　　　　D. rostopic type

3. rostopic pub -r 1 /turtle1/cmd_vel geometry_msgs/Twist linear 命令指定的话题发布频率为（　　）Hz。

A. 1　　　　B. 10

C. 100　　　　D. 1 000

四、简答题

1. 若要查看 /turtle1/pose 话题的带宽，应使用的命令是什么？

2. 若要查看 /turtle1/cmd_vel 话题的类型，应使用的命令是什么？

任务四 使用 rosservice 命令管理服务消息

一、填空题（将正确的答案填写在横线上）

1. 显示所有服务的命令是________________。
2. 显示某个服务的消息的命令是________________。
3. 用输入的参数请求服务的命令是________________。

二、判断题（正确的在括号内打“√”，错误的打“×”）

1. 使用 rosservice 命令可以查看当前系统中正在运行的服务。（　　）
2. ROSRPC 是一种远程过程中调用的机制，用于在 ROS 节点之间进行通信。（　　）

3. ROSRPC URI 中的 ROSRPC 指的是统一资源标识符。 （　　）

三、选择题（将正确答案的序号填入括号中）

1. rosservice type 命令的作用是（　　）。
   A. 显示某个服务的类型　　B. 显示某个服务的消息
   C. 发布数据到某个服务　　D. 修改某个服务的参数
2. 显示服务的 ROSRPC URI 的命令是（　　）。
   A. rostopic uri　　B. rosservice uri
   C. rosservice type　　D. rostopic type
3. 显示 /turtle1/set_pen 的服务类型的命令是（　　）。
   A. rosnode type /turtle1/set_pen　　B. rosnode type turtle1/set_pen
   C. rosservice type /turtle1/set_pen　　D. rosservice type turtle1/set_pen

四、简答题

1. 若要查看小海龟 /turtle1/set_pen 的 ROSRPC URI 服务，应使用的命令是什么？

2. 若要查看小海龟 /turtle1/set_pen 的服务消息，应使用的命令是什么？

任务五 使用 rosbag 命令记录运行数据

一、填空题（将正确的答案填写在横线上）

1. ____________________命令可以将指定话题的消息记录到 bag 文件。
2. ____________________命令可以回放指定的 bag 文件。
3. ____________________命令可以压缩指定的 bag 文件。
4. ____________________命令可以解压指定的 bag 文件。

二、判断题（正确的在括号内打“√”，错误的打“×”）

1. rosbag info 命令可以查看指定 bag 文件的消息。 （ ）
2. rosbag play 命令不能用于重现实验结果。 （ ）
3. rosbag record-d<duration> 命令可以指定记录的输出文件名。 （ ）

三、选择题（将正确答案的序号填入括号中）

1. 使用 rosbag record /topic1 /topic2 命令可以（ ）的数据。

A. 只记录 topic1　　B. 只记录 topic2

C. 同时记录 topic1 和 topic2　　D. 不记录任何话题

2. rosbag record 命令的一些选项可以用来控制记录的行为和参数，如（ ）可以将所有发布的话题数据记录下来。

A. –d　　B. –p

C. –a　　D. –O

3. rosbag record 命令的一些选项可以用来控制记录的行为和参数，如（ ）可以显示记录的进度信息。

A. –d　　B. –p

C. –a　　D. –O

4. 若要停止记录，则在运行 rosbag record –a 的终端下按组合键（ ）退出。

A. Ctrl+V　　B. Ctrl+C

C. Alt+C　　D. Alt+V

四、简答题

1. 若要查看名称为“2020-06-12-10-11-37.bag”的文件的消息，应使用的命令是什么？

2. 若要压缩名称为“2020-06-12-10-11-37.bag”的文件，应使用的命令是什么？

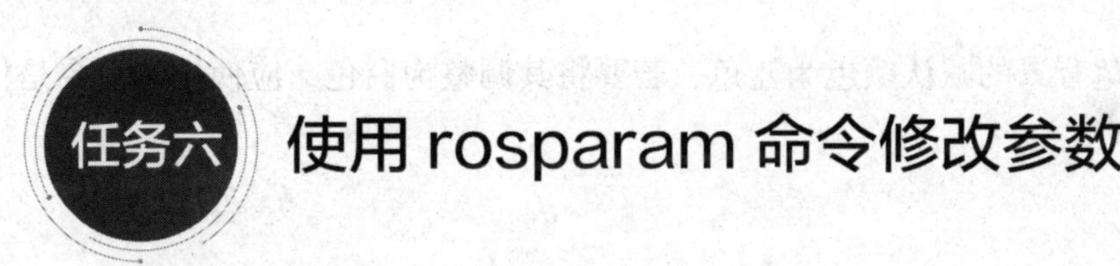

任务六　使用 rosparam 命令修改参数

一、填空题（将正确的答案填写在横线上）

1. 设置参数的命令是________________________。
2. rosparam list 命令的作用是________________________。
3. rosparam get 命令的作用是________________________。

二、判断题（正确的在括号内打“√”，错误的打“×”）

1. RGB 函数中，如果其中一个参数的值超过了 255，不会显示任何错误，但该参数会被视为 0 处理。（　　）

2. RGB 函数的参数类型为整型。 (   )

3. RGB 色彩模式涵盖了人类视觉所能感知的几乎所有颜色。 (   )

三、选择题（将正确答案的序号填入括号中）

1. 可以将参数从参数服务器中删除的命令是（   ）。

   A. rosparam get　　B. rosparam set

   C. rosparam delete　　D. rosparam update

2. 可以从文件中加载参数的命令是（   ）。

   A. rosparam load　　B. rosparam get

   C. rosparam update　　D. rosparam set

3. 可以将参数转存到文件的命令是（   ）。

   A. rosparam load　　B. rosparam get

   C. rosparam dump　　D. rosparam set

4. RGB 色彩模式是工业领域的颜色标准，它通过调整（   ）、（   ）、（   ）三个颜色通道以及它们的叠加来生成各种颜色。

   A. 红　绿　蓝　　B. 红　黄　蓝

   C. 黄　绿　蓝　　D. 红　黄　绿

四、简答题

1. 小海龟背景的默认颜色为蓝色，若要将其调整为白色，应使用的命令是什么？

2. 若要将一个名称为“aaa.yaml”的文件导入参数服务器中，应使用的命令是什么？

任务七　使用 rosmsg 命令查看消息

一、填空题（将正确的答案填写在横线上）

1. 显示指定消息描述的命令是____________________。
2. 显示所有消息的命令是____________________。
3. 显示指定功能包的所有消息的命令是____________________。

二、判断题（正确的在括号内打“√”，错误的打“×”）

1. 使用 rosmsg 命令可以查看系统中已安装的所有消息类型。（　　）
2. 使用 rosmsg 命令无法查看消息类型的内容。（　　）
3. rosmsg show 命令后无须指定消息的名称。（　　）

三、选择题（将正确答案的序号填入括号中）

1. rosmsg packages 命令的作用是（　　）。
   A. 显示使用消息的所有功能包
   B. 显示指定功能包的所有消息
   C. 显示指定消息
   D. 显示所有消息
2. 以下命令后必须加消息或功能包名称的是（　　）。
   A. rosmsg list　　B. rosmsg packages
   C. rosmsg package　　D. roscore
3. 查看 turtlesim/Color 消息内容的命令是（　　）。
   A. rosmsg show /turtlesim/Color
   B. rosmsg show turtlesim/Color
   C. rosnode show /turtlesim/Color
   D. rosnode show turtlesim/Color

四、简答题

1. rosmsg 的主要命令有哪些?

2. 若要查看 turtlesim 功能包的消息，应使用的命令是什么?

项目四

ROS 节点的启动

任务一　启动节点和节点管理器的两种方式

一、填空题（将正确的答案填写在横线上）

1. 在 ROS 中，可以使用________________命令来启动一个节点。

2. 使用________________命令启动节点时，需要编写一个 launch 文件来描述启动的节点和相应的参数。

3. 在终端中输入________________命令即可启动节点管理器。

4. ROS master 启动后，同时启动的还有____________和______________________。

二、判断题（正确的在括号内打“√”，错误的打“×”）

1. 运行 ROS 节点前无须启动节点管理器。（　　）

2. roslaunch 命令会自动检测 ROS 系统的 roscore 进程是否在运行，以确定节点管理器是否处于运行状态。（　　）

3. ROS 中的 launch 文件可以简单理解为一个集合了多个节点和参数的文件。（　　）

三、选择题（将正确答案的序号填入括号中）

1. 在 ROS 中，启动节点的两种方式分别是（　　）和（　　）。

A. rosversion　rosnode　　B. roscore　rosbag

C. roslaunch　rosrun　　D. rostopic　roslaunch

2.（　　）是负责日志输出的节点，其作用是告知用户当前系统的状态。

A. rosbag　　B. rosout

C. parameter server　　　　D. rosrun

3.（　　）是存储参数配置的服务器。

A. rosbag　　　　B. rosout

C. parameter server　　　　D. rosrun

四、简答题

1. roslaunch 命令的优点是什么？

2. roslaunch 命令启动 ROS 节点和节点管理器的过程是怎样的？

任务二 创建工作空间和功能包

一、填空题（将正确的答案填写在横线上）

1. 功能包创建完成后，需要重新________工作空间才能使用。
2. 在 ROS 中，功能包的依赖关系被记录在________________文件中。
3. 在 catkin_create_pkg 命令中，可根据功能包需求添加依赖关系，________依赖为功能包提供了 C++ 接口。
4. 使环境变量配置生效的命令是__________________________。
5. 在 ROS 工作空间中，用来存放 C++ 代码文件及其他资源文件的文件夹是_______。

二、判断题（正确的在括号内打"√"，错误的打"×"）

1. 创建 ROS 工作空间时，需要提供工作空间的名称和路径。（　　）
2. CMakeLists.txt 文件是编译器编译功能包的规则文件。（　　）
3. catkin_make 是将 cmake 与 make 的编译方式做了封装的指令工具，它简化了程序 cmake 编译的标准工作流程。（　　）
4. 在 ROS 工作空间中，功能包的配置文件通常存放在 include 文件夹中。（　　）
5. 工作空间使 ROS 项目更具可移植性。（　　）

三、选择题（将正确答案的序号填入括号中）

1. 编译完成后，工作空间中应有（　　）文件夹。

A. src、build、devel　　B. bin、lib、share

C. src、include、scripts　　D. build、install、src

2. 在 ROS 工作空间中，launch 文件夹的作用是存放（　　）。

A. 功能包的编译和运行依赖关系　　B. 功能包的源代码文件列表

C. 功能包中需要用到的头文件　　D. 功能包的启动文件

3. 在 ROS 工作空间中，msg 文件夹的作用是存放（　　）。

A. 功能包的配置文件　　B. 自定义的服务类型

C. 自定义的消息类型　　D. 自定义的动作指令

4. Python 程序文件通常存放在 ROS 工作空间中的（　　）文件夹下。

A. src　　B. include　　C. scripts　　D. bin

5. 创建一个新功能包的命令是（　　）。

A. catkin_create_src　　B. catkin_create_pkg

C. catkin_create_ros　　D. catkin_create_srv

四、简答题

1. 在 ROS 中创建工作空间的作用是什么？

2. 新建一个名为“catkin_ws”的文件夹及其子文件夹 src 的命令是什么？

3. 编译生成 ROS 工作空间的命令是什么？

任务三　使用 Python 和 C++ 编写节点程序

一、填空题（将正确的答案填写在横线上）

1. ____________________函数用于在终端屏幕输出调试信息，同时将消息写入节点日志文件和 rosout 节点。

2. __________是 rospy 的常用结构。

3. ______________是一个定时器，该函数使当前线程进入休眠状态，以保持节点消息发送频率的稳定。

4. ________（Python/C++）脚本在运行之前不需要进行编译。

5. __________（Python/C++）节点程序需要先编译成可执行文件，然后才能运行。

二、判断题（正确的在括号内打“√”，错误的打“×”）

1. Python 代码量多，语法相对复杂。（　　）
2. C++ 是一种编译型语言，代码在编译阶段转化为机器码，执行速度快。（　　）
3. Python 适合快速开发和迭代。（　　）
4. C++ 是一种解释型语言，而 Python 是一种编译型语言。（　　）
5. 在 while 循环的判断语句中，ros::ok( ) 接口被用来判断节点是否仍在运行。（　　）

三、选择题（将正确答案的序号填入括号中）

1. 使用 rosrun 命令启动 Python 脚本的格式为（　　）。

A. rosrun [file_name] [package_name]

B. rosrun [package_name] [file_name]

C. [package_name] [file_name] rosrun

D. [file_name] [package_name] rosrun

2. 当使用 Python 编写节点程序时，需要在程序的开头使用初始化节点的函数，（　　）函数会告知 ROS 主系统当前编写的程序是一个 ROS 节点，并且会为该节点提供必要的运行环境。

A. rospy.init_node( )　　B. rosrun.init_node( )

C. rosnode.init_node( )　　D. 以上均可

3. 当使用 C++ 编写节点程序时，需要在程序的开头使用初始化节点的函数，即（　　）。

A. rosrun::init（argc，argv，“node_name”）

B. ros::init（argc，argv，“node_name”）

C. rospy::init（argc，argv，“node_name”）

D. 以上均可

4. 如果修改了 C++ 源代码，需要在（　　）文件中添加编译语句，然后运行 catkin_make 来重新编译工作空间生成可执行文件，才能使修改生效。

A. launch　　B. hello.py

C. CMakeLists.txt　　D. hello.cpp

四、简答题

1. rospy.is_shutdown( ) 函数的作用是什么？

2. ROS 中节点句柄的作用是什么？

任务四　使用 launch 文件实现节点启动和参数设置

一、填空题（将正确的答案填写在横线上）

1. launch 文件中的__________标签可以启动一个 ROS 节点。
2. launch 文件中的____________标签可以设置节点的参数。
3. XML 文件中，字符“<”的实体引用为________。
4. launch 文件中的__________标签可以引用其他 launch 文件。
5. launch 文件遵循__________语言。

二、判断题（正确的在括号内打“√”，错误的打“×”）

1. launch 文件是多个节点和参数的集合文件。（　　）
2. 使用 launch 文件启动的节点会自动进行编译和构建。（　　）
3. XML 语法对大、小写敏感。（　　）
4. <param> 和 <arg> 都是参数设置标签，功能完全相同。（　　）
5. XML 文件中字符“<”和“&”是非法的。（　　）
6. launch 文件不要求编写声明。（　　）

三、选择题（将正确答案的序号填入括号中）

1. 常用的 launch 文件的后缀为（　　）。
   A. .txt　　B. .cfg　　C. .launch　　D. .py
2. launch 文件中可以分组正在运行的节点的标签是（　　）。
   A. <launch>　　B. <group>　　C. <param>　　D. <remap>
3. launch 文件中用于标志 roslaunch 语句的结束的标签是（　　）。
   A. </launch>　　B. </node>　　C. </param>　　D. </remap>
4. node 元素必需的三个属性是（　　）。
   A. msg、type、name　　B. pkg、type、service
   C. msg、pkg、name　　D. pkg、type、name
5. XML 文件中的元素名称可以包含（　　）。
   A. 字母　　B. 数字　　C. 字符　　D. 以上均可

四、简答题

1. launch 文件中 <launch> 标签的作用是什么?

2. 编写 XML 文件时的注意事项有哪些?

使用 launch 文件实现多节点启动

一、填空题（将正确的答案填写在横线上）

1. 在 ROS 中，一个节点程序通常只能完成功能________的任务。

2. 为了高效地启动 ROS 机器人中的多个节点，可以将所有需要启动的节点写入________文件中，并使用________________命令调用该文件。

3. 为一个节点设置默认命名空间的过程称为____________________。

二、判断题（正确的在括号内打"√"，错误的打"×"）

1. 一个完整的 ROS 机器人通常只有一个节点程序在运行。（　　）

2. 若创建两个节点分组并以命名空间标签来区分，两个组都使用相同的 turtlesim 节点并命名为"sim"，则同时启动两个 turtlesim 模拟器时会产生冲突。（　　）

3. launch 文件启动后，所有的节点都在同一个终端中显示。（　　）

4. ROS 支持相对名称。（　　）

三、选择题（将正确答案的序号填入括号中）

1. 使用 launch 文件实现多节点启动的主要目的是（　　）。

A. 简化节点的启动过程　　B. 提高系统的并发性能

C. 减少节点之间的通信开销　　D. 增强节点的可扩展性

2. 将话题的输入重命名为"turtlesim1/turtle1"的程序为（　　）。

A. <remap from="input" to="turtlesim1/turtle1"/>

B. <remap from="output" to="turtlesim1/turtle1"/>

C. <node from="input" to="turtlesim1/turtle1"/>

D. <node from="output" to="turtlesim1/turtle1"/>

3. 在 beginner_tutorials 功能包中创建 launch 文件夹并进入 launch 文件夹路径的命令是（　　）。

A. roscd beginner tutorials/launch　　B. roscd beginner_tutorials launch

C. roscd beginner_tutorials/launch　　D. 以上均可

四、简答题

1. 简述使用 launch 文件实现多节点启动的步骤。

2. 常用的压入命名空间的方法是什么？

话题通信机制的实现

话题通信机制基础概述

一、填空题（将正确的答案填写在横线上）

1. __________通信机制定义了一种发布 / 订阅模式。

2. 在发布 / 订阅模式中，发布者和订阅者之间通过__________传递消息。

3. 在话题通信机制中，消息可以在发布时被______________，直到订阅者准备好接收它们。

二、判断题（正确的在括号内打“√”，错误的打“×”）

1. 在 ROS 中，同一个话题可以同时存在多个发布者和多个订阅者。 （ ）

2. 发布者和订阅者必须在同一个 ROS 节点中。 （ ）

3. ROS 的话题通信机制保证了节点之间数据交流的实时性。 （ ）

4. ROS 不允许用户创建自定义的消息类型。 （ ）

5. 话题通信机制使发布者与订阅者之间解耦。 （ ）

三、选择题（将正确答案的序号填入括号中）

1. 话题通信机制支持的消息类型为（ ）。

A. 字符串型　　B. 整型

C. 数组型　　D. 以上均可

2.（ ）通信机制对节点的启动顺序没有严格的要求。

A. 话题　　B. 服务

C. 参数　　　　　　　　　　　　　　D. 以上均可

3. 发布者和订阅者之间的连接是基于（　　）建立的。

A. IP 地址　　　　　　　　　　　　　B. MAC 地址

C. 话题名称　　　　　　　　　　　　D. ROS master

四、简答题

1. 简述话题通信机制的原理。

2. 简述话题通信机制的特点。

3. 举例说明话题通信机制在机器人系统中的应用。

使用话题通信机制实现节点通信

一、填空题（将正确的答案填写在横线上）

1. 在话题通信机制中，节点之间通过______和______的方式进行通信。
2. ______________________函数可以创建一个发布者。
3. 发布者创建完成后，使用______________函数即可发布消息到话题中。
4. 当指定的话题中输入消息时，将会调用__________函数。

二、判断题（正确的在括号内打“√”，错误的打“×”）

1. 当订阅者接收到话题的数据时，会调用一次回调函数对数据进行处理。（　　）
2. 订阅者接收到消息后，无法在终端中查看消息。（　　）
3. 话题通信机制只适用于小规模的系统。（　　）
4. String 类型的消息数据在 data 属性中，若要获取 String 类型的消息数据，需要读取回调函数形参的 data 属性，即 data.data。（　　）

三、选择题（将正确答案的序号填入括号中）

1. 若创建发布者指定的消息类型为字符串型，则使用 publish( ) 函数时要用（　　）数据。

A. 整型　　B. 字符串型

C. 数组型　　D. 浮点型

2.（　　）函数可以将括号内的消息作为日志消息输出，也可以输出到终端中。

A. rospy.loginfo( )　　B. rospy.logingo( )

C. rostopic.loginfo( )　　D. rostopic.logingo( )

3. 话题通信机制的优势之一是（　　）。

A. 实时性高　　B. 点对点通信

C. 节点之间的同步通信　　D. 可扩展性和灵活性

四、简答题

1. 若要创建一个订阅者，订阅者订阅的话题为“chatter”，消息类型为字符串型，回调函数名称为“callback”，代码应如何编写？

2. 若要创建一个名为“pub”的发布者，发布者发布的话题为“chatter”，消息类型为字符串型，缓存区大小为 8，代码应如何编写？

使用话题通信机制控制小海龟移动

一、填空题（将正确的答案填写在横线上）

1. 为了控制小海龟的线速度，需要设置命令消息中的________________变量。
2. 为了控制小海龟的角速度，需要设置命令消息中的______________变量。
3. ____________________命令可以查看消息的具体数据结构。

二、判断题（正确的在括号内打“√”，错误的打“×”）

1. geometry_msgs/Twist 是 ROS 提供的常用消息类型之一，可通过 Python 来调用。（　　）

2. 通过相关命令查看“/turtle1/cmd_vel”话题前，要先启动 turtlesim_node 节点。（　　）

3. 在编写的节点与其他节点进行话题通信前，需要明确话题的名称以及话题的消

息类型。（　　）

4. 发布者节点和订阅者节点不可以在不同的物理机器上运行。（　　）

三、选择题（将正确答案的序号填入括号中）

1.（　　）命令可以查看话题的具体消息。

A. rosbag info　　B. rostopic info

C. rosbag pub　　D. rostopic pub

2. 在 ROS 中，用于发布小海龟移动命令的节点类型是（　　）。

A. subscriber　　B. service

C. action　　D. publisher

3. 在 ROS 中，用于接收小海龟位置消息的话题名称是（　　）。

A. /turtle1/pose　　B. /turtle1/cmd_vel

C. /turtle1/move　　D. /turtle1/velocity

四、简答题

1. 通过运行相关命令，终端中显示话题的具体消息如下，请解释消息的含义。

Type：geometry_msgs/Twist

Publishers：None

Subscribers：

* /turtlesim（http：//ubuntu：35923/）

2. 如何查看当前 ROS 中正在发布的话题列表？

服务通信机制的实现

服务通信机制基础概述

一、填空题（将正确的答案填写在横线上）

1. 在 ROS 中，使用服务通信机制进行请求和响应的节点称为服务客户端和____________________。

2. 服务数据由________和________两个数据域组成。

3. 在 ROS 中，可以使用________________文件（后缀为________）来自定义服务数据。

4. 服务客户端可以设置__________时间来处理无响应的情况。

5. 在 ROS 中使用服务通信机制时，需要定义特定的________________。

二、判断题（正确的在括号内打“√”，错误的打“×”）

1. 服务通信机制是一种发布—订阅模式的通信方式。（ ）

2. 在服务通信机制中，一个节点既可以是服务的请求方，也可以是服务的提供方。（ ）

3. 通常情况下，服务通信机制中的消息侧重于状态信息（位姿、传感器数据、速度等），而话题通信机制中的消息侧重于操作（设定参数、设定模式、创建、清除等）。（ ）

4. 服务通信机制是一种同步通信方式。（ ）

5. 在服务数据中，请求和响应可以包含不同数量的字段，并且可以指定不同的数据类型。（ ）

三、选择题（将正确答案的序号填入括号中）

1. 在服务通信机制中，（　　）向另一个节点发送请求消息并等待响应消息。

A. 发布者节点　　B. 订阅者节点

C. 服务客户端　　D. 服务服务器

2. 在服务通信机制中，响应消息是由（　　）发送给请求方的。

A. 发布者节点　　B. 订阅者节点

C. 服务客户端　　D. 服务服务器

3. 在服务通信机制中，请求和响应是（　　）的关系。

A. 一对多　　B. 一对一

C. 多对一　　D. 多对多

4. 请求和响应字段之间用（　　）进行分隔。

A. /　　B. ---

C. \　　D. 以上均可

5. 在服务通信机制中，请求方等待响应的时间由（　　）来设置。

A. 请求方　　B. 提供方

C. ROS master　　D. 操作系统

四、简答题

1. 简述服务通信的流程。

2. 举例说明服务通信机制在机器人系统中的应用。

任务二 创建并编译自定义服务数据

一、填空题（将正确的答案填写在横线上）

1. 服务数据通常会被定义在功能包的________文件夹中。

2. 服务数据文件通过定义请求消息和响应消息的________、____________和________，确保响应能够按照预期进行。

3. 由于需要在程序中调用自定义的服务数据，所以需要将服务数据的依赖添加到______________中，并将服务数据添加到编译选项文件中。

二、判断题（正确的在括号内打“√”，错误的打“×”）

1. 创建自定义服务消息时，请求消息和响应消息的数据类型必须相同。 （　　）
2. 创建自定义服务消息时，可以使用任意编程语言进行定义。 （　　）
3. 服务数据文件对应的头文件通常以“.h”或“.hpp”为扩展名。 （　　）
4. 创建自定义服务消息后，无须进行任何编译或生成源代码的操作。 （　　）

三、选择题（将正确答案的序号填入括号中）

1. 服务数据文件对应的头文件通常存放在工作空间的（　　）目录下。

A. src/include　　B. devel/include

C. build/include　　D. 以上均可

2. 在服务数据文件中定义请求消息应在（　　）关键字之前。

A. /　　B. ~

C. ---　　　　　　　　　　　　　　D. -

3. 创建自定义服务消息时，数据结构的定义语言可以是（　　）。

A. Python　　　　　　　　　　　　B. C++

C. YAML　　　　　　　　　　　　D. 以上均可

四、简答题

如何查看服务数据是否创建成功？

使用服务通信机制实现节点通信

一、填空题（将正确的答案填写在横线上）

1. 若要在程序中使用曾定义过的服务数据，需要在程序的________添加代码，用于从__________中导入服务数据类型。

2. ____________________________函数用于创建服务器。

3. 服务器有三个主要参数：____________、__________________以及________________________________。

4. ________________命令可以查看正在运行的服务。

二、判断题（正确的在括号内打“√”，错误的打“×”）

1. 若 server.py 是一个服务器节点，则 rosrun beginner_tutorials server.py 命令可以启

动该服务器节点。 (　　)

2. 处理函数的返回值就是发送给客户端的响应消息，需要按照服务数据定义的类型填写变量。 (　　)

3. 若相应服务端已创建 ROS 节点，当编写客户端节点程序时，仍需要创建独立的 ROS 节点。 (　　)

4. rospy.wait_for_service( ) 函数会在服务可用之前一直阻塞程序执行。 (　　)

5. 服务代理提供了一个简洁的接口，使得与服务的通信变得简单而直观。 (　　)

三、选择题（将正确答案的序号填入括号中）

1. 由于客户端需要使用服务数据，因此要在程序的（　　）导入新建的服务类型。

A. 开头　　B. 中间

C. 末尾　　D. 以上均可

2. 以下关于服务通信机制中节点之间的启动顺序描述正确的是（　　）。

A. 必须先启动服务请求节点，再启动服务提供节点

B. 必须先启动服务提供节点，再启动服务请求节点

C. 服务请求节点和服务提供节点可以同时启动

D. A 和 B 选项均可

3. 为了确保所需服务已注册且可用，可以使用（　　）函数等待指定的服务。

A. rosnode.wait_for_service( )　　B. rospy.wait_for_service( )

C. rosnode.waitfor_service( )　　D. rospy.waitfor_service( )

4. 一旦服务注册成功，客户端可以使用（　　）函数创建一个服务代理，用于向服务器发送消息并接收响应。

A. rospy.ServiceProxy( )　　B. rosservice.ServiceProxy( )

C. rostopic.ServiceProxy( )　　D. rosnode.ServiceProxy( )

四、简答题

1. 创建一个服务名称为“sum_ints”、服务数据类型为“SumInts”、处理函数为“handle_sum_ints”的服务器的代码是什么？

2. 服务通信机制中处理函数的作用是什么？

3. 代码 from beginner_tutorials.srv import* 中的功能包名称是什么？代码中 * 的含义是什么？

项目七 数据信息可视化的实现

任务一 初识数据可视化

一、填空题（将正确的答案填写在横线上）

1. ROS 中常用的三维可视化工具是____________。

2. RViz 界面包括工具栏、____________、____________________、________________________和________________。

3. 从 ROS Fuerte 版本开始，GUI 开发工具被整合到了一个名为________________的工具中。

4. rqt 的________________插件可以查看 ROS 话题中传递的图片消息，方便观察机器人当前看到的图像。

5. rqt 的__________插件可以用于录制一个 bag 文件包。

二、判断题（正确的在括号内打“√”，错误的打“×”）

1. RViz 也被集成到了 rqt 的插件中。（   ）

2. Qt 是基于 rqt 开发的，而 Qt 是一个广泛应用于计算机编程的跨平台框架，用户可以方便、自由地添加和开发插件。（   ）

3. 在 ROS 中，RViz 是用于创建和管理 ROS 包的命令。（   ）

4. RViz 的时间显示区可以显示系统时间、ROS 时间等，用户也可以通过这个面板对 RViz 进行初始化设置。（   ）

5. 数据可视化的目标是通过图形化手段清晰、有效地传达和交流信息。（   ）

三、选择题（将正确答案的序号填入括号中）

1. rqt 的（　　）插件可以显示当前的 tf 树的结构。

A. tf plot　　B. tf tree

C. tf node　　D. tf structure

2. rqt 的（　　）插件可以将某一个话题的数据（全部数据或部分数据）进行绘图显示。

A. RViz　　B. node_graph

C. plot　　D. launch

3. RViz（　　）中的一些工具可以用来操纵 3D 视角。

A. 3D 视图显示区　　B. 项目显示区

C. 观测视角设置区　　D. 工具栏

4. rqt 的（　　）插件可以查看当前的所有节点，包括节点的 PID、占用的 CPU、占用内存等。

A. RViz　　B. process monitor

C. topics monitor　　D. launch

5. RViz 的（　　）能够显示外部信息。

A. 3D 视图显示区　　B. 项目显示区

C. 观测视角设置区　　D. 工具栏

四、简答题

1. 什么是数据可视化?

2. rqt 的 robot steering 插件有什么功能?

3. RViz 的主要功能是什么？

实现小海龟速度数据的可视化

一、填空题（将正确的答案填写在横线上）

1. ________________命令可以在 ROS 中绘制数据的曲线图。
2. 小海龟的速度消息包含__________和__________两部分。
3. __________命令可以发布小海龟的速度消息。
4. 小海龟运动线速度的单位是__________。

二、判断题（正确的在括号内打“√”，错误的打“×”）

1. 在 ROS 中，可以通过输入 rqt_plot 命令来打开曲线坐标窗口。（　　）
2. 在 GUI 界面中添加某个话题后，该话题将无法取消显示。（　　）
3. 可以使用 ROS 的 rqt_plot 工具实时显示小海龟速度数据。（　　）

三、选择题（将正确答案的序号填入括号中）

1. 在 ROS 中，用于发布小海龟速度消息的消息类型是（　　）。

A. geometry_msgs/Twist　　B. sensor_msgs/LaserScan

C. nav_msgs/Odometry　　D. std_msgs/String

2. 使用 rqt_plot 工具对小海龟速度数据进行可视化的过程中，小海龟的线速度和角速度是以（　　）的形式显示的。

A. 折线图　　B. 饼图

C. 柱状图　　D. 散点图

3. 若要显示小海龟的位姿，需要在曲线坐标窗口中添加的话题是（　　）。

A. /turtle1/pose/angular_velocity 和 /turtle1/pose/linear_velocity

B. /turtle1/pose/angular_velocity 和 /turtle1/pose/x

C. /turtle1/pose/angular_velocity 和 /turtle1/pose/y

D. /turtle1/pose/x 和 /turtle1/pose/y

四、简答题

1. 打开曲线坐标窗口界面的方法有哪两种？

2. 若想在曲线坐标窗口界面的曲线坐标系中自动绘制并播放曲线动图，应如何操作？

查看 ROS 进程网络计算图

一、填空题（将正确的答案填写在横线上）

1. 在 ROS 中，计算是通过进程网络来实现的，其中每个进程被称为一个 ROS 节点，这些节点相互连接形成了一个__________。

2. rqt_graph 是 rqt 程序包中的一个重要工具。它以图形化的方式显示整个通信架构，清晰地展示当前正在运行的________、________以及________在系统中的流向。

3. 计算图中的重要概念包括________、________、________、________、________、________和消息记录包。

二、判断题（正确的在括号内打"√"，错误的打"×"）

1. rqt_graph 能够帮助学习者快速发现和纠正通信方面的问题，提高开发调试的效率。（　　）

2. 计算图中的矩形表示节点。（　　）

3. rosrun rqt_graph rqt_graph 命令可以运行 rqt_graph 工具。（　　）

三、选择题（将正确答案的序号填入括号中）

1. 在计算图中，节点之间带箭头的线表示的是节点之间的（　　）关系。

A. 继承　　B. 文件依赖　　C. 通信　　D. 硬件连接

2. 在计算图中，椭圆形表示（　　）。

A. 节点　　B. 话题

C. 两个节点之间的通信　　D. 以上说法均错误

3. 运行 rqt_graph 工具时，可以（　　）。

A. 显示系统中正在运行的节点　　B. 只显示指定话题的节点

C. 只显示指定节点的话题　　D. 系统中的所有话题

4. rqt_graph 工具可以显示（　　）。

A. CPU 使用情况　　B. 内存使用情况

C. 网络连接状态　　D. ROS 节点和话题之间的关系

四、简答题

1. 简述使用 rqt_graph 工具查看 ROS 进程网络计算图的方法。

2. rqt_graph 工具的作用是什么？

任务四 使用 RViz 实现数据的可视化

一、填空题（将正确的答案填写在横线上）

1. 在 RViz 中，可以使用__________插件来显示激光扫描数据。

2. 在 RViz 中，可以使用__________插件来显示导航中使用的机器人的路径。

3. 在 RViz 中添加可视化元素的方法有两种，一种是按______________添加，另一种是按__________添加。

4. 在 RViz 中，可以使用 ______ 插件来显示三维姿态。

二、判断题（正确的在括号内打"√"，错误的打"×"）

1. RViz 是 ROS 的可视化工具，主要用于实时显示传感器数据和机器人状态。（ ）

2. 机器人使用摄像头拍摄的画面数据可以记录到 camera.bag 文件中。（ ）

3. RViz 支持显示激光雷达数据、点云数据和图像数据，但不支持显示其他类型的传感器数据。（ ）

4. "LaserScan"下的"Size（m）"选项可以更改点云的宽度。（ ）

5. 在 RViz 中，可以通过"Global Options"下的"Fixed Frame"来设置可视化数据的基准坐标系。（ ）

三、选择题（将正确答案的序号填入括号中）

1. 在 RViz 中，可以使用（ ）插件在新的渲染窗口中显示图像。

A. LaserScan　　B. Path

C. Image　　D. Point Cloud2

2. 在 RViz 中，可以使用（ ）插件来显示施加在机器人的每个旋转关节上的力。

A. GridCells　　B. Path

C. Effort　　D. MarkerArray

3. 在 RViz 中，可以使用（ ）插件来显示 x、y、z 轴。

A. LaserScan　　B. Grid

C. GridCells　　D. Axes

4. RViz 中的（ ）插件遵循最新的 PCL 中的格式。

A. PointCloud　　B. PointCloud2

C. PointCloud3　　D. PointCloud4

5. 机器人的里程计数据可以记录在（　　）文件中。

A. map.bag　　B. scan.bag

C. camera.bag　　D. odom.bag

四、简答题

1. 如何在 RViz 中按话题添加可视化元素?

2. RViz 能够显示哪些传感器数据和机器人状态?

3. 如何更改激光雷达点云的颜色?

任务五 使用 TF 坐标变换实现小海龟跟随运动

一、填空题（将正确的答案填写在横线上）

1. 在许多 ROS 功能包中，TF 功能包用于发布三维空间中各个__________之间的变换关系。

2. 旋转参数的表示方法有两种，一种是以________为单位表示 yaw/pitch/roll 角度，另一种是使用________表示旋转角度。

3. _______________是可视化的调试工具，可以生成 pdf 文件，显示整棵 TF 树的信息。

4. __________工具的功能是查看指定坐标系之间的变换关系。

5. TF 坐标变换功能包的使用包括________TF 变换和________TF 变换两个方面。

二、判断题（正确的在括号内打“√”，错误的打“×”）

1. TF 坐标变换可以用于处理机器人在三维空间中的运动。（　　）
2. 一个完整的机器人系统通常只有一个三维坐标系。（　　）
3. rosrun tf view_frames 命令可以查看系统的 TF 树。（　　）
4. TF 坐标变换功能包使用树型数据结构。（　　）

三、选择题（将正确答案的序号填入括号中）

1. 通常情况下，三维坐标系的 $+X$ 方向用（　　）色坐标轴表示，$+Y$ 方向用（　　）色坐标轴表示，$+Z$ 方向用（　　）色坐标轴表示。

A. 红　黄　蓝　　B. 黄　红　蓝
C. 红　绿　蓝　　D. 绿　红　蓝

2.（　　）工具的功能是打印 TF 树中所有坐标系的发布状态。

A. tf_monitor　　B. tf_echo
C. static_transform_publisher　　D. tf.transformQuaternion( )

3.（　　）工具的功能是定义两个坐标系之间的静态坐标变换。

A. tf_monitor　　B. tf_echo
C. static_transform_publisher　　D. tf.transformQuaternion

四、简答题

1. 通过 TF 坐标变换功能包，开发者可以请求哪些类型的数据？

2. 如何使用 RViz 查看坐标系的变换关系？

3. 订阅 TF 变换的作用是什么?

4. 发布 TF 变换的作用是什么?

机器人仿真环境搭建与仿真操作

任务一 机器人仿真概述

一、填空题（将正确的答案填写在横线上）

1. 仿真的过程包括两个主要步骤：建立____________和进行____________。

2. 进行仿真实验时，应根据模型设定____________和__________，运行仿真程序并收集仿真数据，以评估系统的性能和响应。

3. Gazebo 是一个免费的________机器人模拟环境。

4. Gazebo 的 TCP/IP 传输可以通过网络通信实现__________仿真。

二、判断题（正确的在括号内打“√”，错误的打“×”）

1. 机器人仿真是指在计算机中模拟机器人的运动和行为。（　　）

2. 机器人仿真可以帮助工程师测试和验证机器人的设计和控制算法。（　　）

3. 通过在仿真环境中模拟机器人的运动、感知和交互，可以减少机器人的开发和测试成本，提高开发效率。（　　）

4. Gazebo 不支持室内 / 室外环境模拟。（　　）

5. 对于数字计算机，生成仿真模型需要将数学模型转换成计算机可执行的源代码，以便进行数值计算和仿真实验。（　　）

三、选择题（将正确答案的序号填入括号中）

1. Gazebo 中的机器人模型与（　　）使用的模型相同，但需要在模型中加入机器人和周围环境的物理属性，如质量、摩擦系数、弹性系数等。

A. TF　　B. RViz

C. rqt_plot　　D. rqt_graph

2. (　　) 传感器更适用于在机器人仿真中进行环境建模。

A. 摄像头　　B. 麦克风

C. GPS　　D. 加速度计

3. Gazebo 支持的高性能物理引擎包括 (　　)。

A. ODE　　B. Bullet

C. SimBody　　D. 以上均可

四、简答题

1. Gazebo 是一款优秀的开源物理仿真平台，它具备哪些特点？

2. Gazebo 的功能有哪些？

3. 简述 Gazebo 仿真的步骤。

任务二 搭建仿真场景

一、填空题（将正确的答案填写在横线上）

1. 模拟时间与实时时间的比值称为______________，它的设定对于仿真过程的控制和结果的分析都具有重要意义。

2. __________位于 Gazebo 主界面的上方，提供了一系列常用的控制仿真过程的工具。

3. Gazebo 主界面的核心区域是________________。

4. ________时间是指仿真环境中的时间。

5. ________时间是指仿真器经历的实际时间。

二、判断题（正确的在括号内打“√”，错误的打“×”）

1. “Insert”选项卡用于组织并显示仿真场景中可用的不同可视化组。（　　）

2. Gazebo 是一个常用的物理引擎，用于模拟仿真场景中的物体运动和碰撞。（　　）

3. 实时因子的调整可以根据仿真的需求和计算资源的限制进行。（　　）

4. 每次迭代都会将仿真推进一个不固定的秒数。（　　）

5. “.world”是 Gazebo 中搭建的仿真环境保存后的文件格式。（　　）

三、选择题（将正确答案的序号填入括号中）

1. 在 ROS 中，用于构建机器人模型和仿真环境的软件包是（　　）。

A. RViz　　B. Gazebo

C. MoveIt　　D. TurtleBot3

2. 通过 Gazebo 可以搭建（　　）仿真场景。

A. 室内　　B. 室外

C. 城市　　D. 以上均可

3. Gazebo 模型列表中的（　　）选项卡用于显示当前场景中的模型并允许用户查看和修改模型的参数。

A. Layer　　B. Insert

C. World　　D. GUI

4. Gazebo 使用（　　）作为标准的距离计量单位。

A. 毫米或米　　B. 厘米或米

C. 分米或米　　D. 米或千米

5. Gazebo 中的默认步长为（　　）ms。

A. 0.1　　B. 1

C. 10　　D. 100

四、简答题

1. 实时因子等于 1、大于 1、小于 1 各表示什么意义？控制实时因子的作用是什么？

2. Gazebo 主界面模型列表中“Layers”选项卡的作用是什么？

任务三 在仿真环境中实现 SLAM 建图

一、填空题（将正确的答案填写在横线上）

1. SLAM 是一种解决机器人在未知环境中进行____________和________问题的技术。

2. Gmapping 是一种高效的 Rao-Blackwellized 粒子滤波器，用于根据激光雷达的测量数据生成____________________。

3. Gmapping 算法的核心思想是通过__________________对机器人的位姿进行估计，并使用最大似然法来更新地图。

4. 在 ROS 中，地图可以被理解为一张常见的______________。

二、判断题（正确的在括号内打“√”，错误的打“×”）

1. 在仿真环境中实现 SLAM 建图时，传感器数据的准确性对建图精度没有影响。（　　）

2. 若构建的地图不理想，可以再次运行建图指令重新构建地图。（　　）

3. 机器人利用环境地图来描述当前环境信息，根据使用算法和传感器的不同，地图的表示形式也会有所差异。（　　）

4. 在机器人学中，地图主要包括栅格地图、特征地图、直接表征法地图和拓扑地图。（　　）

三、选择题（将正确答案的序号填入括号中）

1. 为了实现 SLAM 建图，机器人通常会借助（　　）传感器。

A. 激光雷达　　B. 摄像头

C. 里程计　　D. 以上均包括

2. 在 ROS 的栅格地图中，（　　）色像素表示障碍物所在区域，（　　）色像素表示可行区域，而（　　）色像素则表示尚未被探索的区域。

A. 白　黑　灰　　B. 白　灰　黑

C. 黑　灰　白　　D. 黑　白　灰

3. 在 ROS 中进行 SLAM 建图时，（　　）是第一步。

A. 路径规划　　　　　　　　　　B. 自主导航
C. 使用 Gmapping 算法构建地图　　D. 实时定位

4. Gmapping 算法能够实时构建室内地图，当构建小型场景地图时计算量较（　　）且具有较（　　）的精度。

A. 小　高　　　　　　　　　　B. 大　高
C. 小　低　　　　　　　　　　D. 大　低

四、简答题

1. 目前机器人领域中最常用的地图是哪种？该地图中的像素点表示什么？

2. 举例说明 SLAM 技术在机器人领域中的应用。

3. 地图在机器人领域中的作用是什么？

在仿真环境中实现点对点导航

一、填空题（将正确的答案填写在横线上）

1. ROS 提供全局路径规划、局部路径规划、代价地图、异常行为恢复等功能，这些功能被集成在 ROS 的____________元功能包中。

2. 代价地图中的________色表示激光雷达探测到的障碍点。

3. 代价地图可以通过配置各自的图层来实现更灵活的应用，图层分为__________、____________、__________和__________。

4. __________层在静态地图和障碍地图的基础上进行膨胀操作，以避免机器人碰撞到障碍物。

二、判断题（正确的在括号内打“√”，错误的打“×”）

1. 在仿真环境中实现点对点导航时，机器人的初始位置对导航结果没有影响。（ ）

2. 使用导航功能包的前提条件是机器人运行 ROS、发布 tf 变换树和使用 ROS 消息类型的传感器数据。（ ）

3. 移动机器人的定位可以通过 SLAM 算法实现。（ ）

4. 静态地图层的作用是为规划器提供安全的轨迹。（ ）

5. 代价地图中的黑色表示静态障碍物轮廓。（ ）

三、选择题（将正确答案的序号填入括号中）

1. 代价地图是机器人收集传感器信息建立和更新的（ ）地图。

A. 一维　　B. 二维　　C. 三维　　D. 二维或三维

2. 代价地图中的自由区域表示无障碍物的可行区域，机器人可以自由移动，这些网格通常具有（ ）的代价值。

A. 较低　　B. 较高　　C. 中等　　D. 随机

3. 代价地图中每个网格的值为（ ）。

A. 0 ~ 225　　B. 0 ~ 255　　C. 25 ~ 225　　D. 25 ~ 255

4.（ ）工具可以用于创建仿真环境并进行点对点导航测试。

A. Gazebo　　B. ROS Navigation Stack
C. MoveIt　　D. RViz

5. 代价地图中的（　　）色表示通过机器人内切圆半径膨胀出的障碍。
A. 红　　B. 灰　　C. 蓝　　D. 绿

四、简答题

1. 地图的构建与定位中的环境感知是指什么？

2. 地图的构建与定位中的位姿估计是指什么？

3. 全局代价地图和局部代价地图的区别是什么？